Alice Neht

TRAMA TEXTILES. Ein Praktikumsbericht über den fairen Handel

Auslandspraktikum in einer NGO in Guatemala

GRIN Verlag

Bibliografische Information der Deutschen Nationalbibliothek:

Die Deutsche Bibliothek verzeichnet diese Publikation in der Deutschen National-
bibliografie; detaillierte bibliografische Daten sind im Internet über http://dnb.d-
nb.de/ abrufbar.

Impressum:

Copyright © 2010 GRIN Verlag GmbH
Druck und Bindung: Books on Demand GmbH, Norderstedt Germany
ISBN: 978-3-656-63767-7

Dieses Buch bei GRIN:

http://www.grin.com/de/e-book/271816/trama-textiles-ein-praktikumsbericht-ueber-
den-fairen-handel

GRIN - Your knowledge has value

Der GRIN Verlag publiziert seit 1998 wissenschaftliche Arbeiten von Studenten, Hochschullehrern und anderen Akademikern als eBook und gedrucktes Buch. Die Verlagswebsite www.grin.com ist die ideale Plattform zur Veröffentlichung von Hausarbeiten, Abschlussarbeiten, wissenschaftlichen Aufsätzen, Dissertationen und Fachbüchern.

Besuchen Sie uns im Internet:

http://www.grin.com/

http://www.facebook.com/grincom

http://www.twitter.com/grin_com

Westfälische Wilhelms- Universität Münster
Institut für Geographie
Modul Praktikum

Wintersemester 2009/2010

TRAMA TEXTILES –
ein Praktikumsbericht über den fairen Handel

Bearbeitet von:
Alice Dorothea- Franziska Neht

Inhalt

Abbildungsverzeichnis

Verzeichnis der Anlagen im Anhang

- Ergebnis des Kartenprojektes aus dem Tätigkeitsbereichs des Marketing
- Information leaflet der Contigo GmbH

1. Einleitung

Das Studium eines Geographen und seine möglichen Tätigkeitsfelder sind breitgefächert und verändern sich stets. Dies bedingt ein breites Spektrum an möglichen Spezialisierungen und Karrierewegen. Dementsprechend sieht der Arbeitsmarkt eines Geographen aus und daher ist es wichtig durch Praktika sich in verschiedene Richtungen zu orientieren, um ein Gespür dafür zu entwickeln, was einem nach dem Studium als Beruf liegen könnte.

Eines dieser Tätigkeitsfelder liegt im Fairen Handel, welcher in Deutschland seit den Siebzigern etabliert ist. In diesem Bereich absolvierte ich mein Praktikum vom 13.Juli bis zum 23. August 2009 bei der Vereinigung Trama Textiles in Quetzaltenango, Guatemala.

Im folgenden Bericht werde ich vorerst die Auswahl der Praktikumsstelle und den Bewerbungsvorgang thematisieren. Daraufhin wird es eine kurze Einführung in den Raum Guatemala geben und das Land unter angewandten Gesichtspunkten vorstellt werden. Dabei werde ich kurz die Topographie, die wichtigsten historischen Begebenheiten, die guatemaltekische Regierung und die Zusammensetzung der Bevölkerung, mit einem Schwerpunkt auf die Maya-Völker, erläutern. Im nächsten Kapitel wird die Institution Trama Textiles mit ihrer Geschichte beschrieben, um dann die Bedeutung der Textilkunst für die Frauen und die Organisationsstruktur von Trama Textiles zu erklären.

Im Anschluss werde ich auf die Tätigkeitsbereiche der Freiwilligen und Praktikanten (Nicht-Mitglieder) eingehen und dabei insbesondere die Bereiche Kommunikation, Marketing, Store Managemant und den Produktverkauf im Fairen Handel hervorheben, da ich in diesen Bereichen während meines Praktkums tätig war. Innerhalb des Unterkapitels des Produktverlaufs wurde ein kurzer Exkurs zum Thema Fairer Handel verfasst, um einen detaillierteren Einblick in diesen zu geben.

Letztendlich werden noch die möglichen Tätigkeitsfelder im Fairen Handel für Geographen aufgezeigt und ihr breites Spektrum verdeutlicht, ohne dabei besonders auf die spezifischen Tätigkeiten selbst einzugehen.

Abschließend erfolgen ein Fazit und eine persönliche Reflektion des Praktikums.

2. Auswahl der Praktikumsstelle und Bewerbung

Im Rahmen meiner Seminarwahl, während meines Erasmus-Aufenthaltes in Spanien, hatte ich mich in den Seminaren Gestión económica del medio ambiente (ökonomischer Umgang mit der Umwelt) und Geopolítica (Geopolitik) wiederholt mit den Komplexen des ethischen Konsums, globaler Handelsbeziehungen und regionalen Wirkungsgefügen beschäftigt. Dies verstärkte mein Interesse für den fairen Handel (engl.: Fair Trade). Da ich erst seit dem Beginn meines Erasmus-Aufenthaltes spanisch sprach, entschied ich mich mein Praktikum in einem spanischsprachigen Land zu absolvieren, um meine neu erworbenen Sprachkenntnisse festigen zu können.

Zunächst suchte ich Informationen aus meinem näheren Umfeld zusammen. Aufgrund von Gesprächen mit meinen Kommilitonen in Salamanca habe ich von Guatemala und den Praktikumsdatenbanken www.entremundos.org, www.idealist.org und www.volunteersouthamerica.net erfahren. Nach der folgenden Recherche im Internet stellte ich mir eine Auswahl verschiedener Fair Trade Institutionen zusammen, da ich an mehrere Institutionen ein kurzes Anschreiben schicken wollte, um sicher zugehen, dass ich zumindest eine positive Antwort erhalten würde. Diese Liste enthielt Organisationen aus dem Bereich des fairen Handels mit Kaffee oder Textilien, Ökotourismus und der politischen Bildung in Guatemala.

Nicht nur die Suche nach einem Praktikumsplatz in einem räumlich weitentfernten Land mit einer schwachen Kommunikations-Infrastruktur stellte eine Herausforderung dar, sondern auch die Verfassung einer Bewerbung in einer fremden Sprache. Jeder Arbeitsmarkt und seine Sprache verlangt eine Bewerbung in einem unterschiedlichen Stil unter der Beachtung verschiedener Kriterien, sodass ich zunächst mit Hilfe von Fachbüchern und spanischer Kommilitonen eine Kurz- Bewerbung nach spanischen Maßstäben verfasste. Diese Kurz- Bewerbung enthielt die Vorstellung meiner Person mit meinen Namen, Alter, Studienfach und Studiensemester an der Westfälischen Wilhelms- Universität, ein Kurzlebenslauf, sowie die Frage, ob ich in dem angegebenen Zeitraum ein Praktikum absolvieren könne. Wäre dies möglich, würde ich eine ausgearbeitete Bewerbung und, falls nötig, Zeugnisse der Universität oder früherer Arbeitgeber zusenden. Der Stil dieser Kurz – Bewerbung war nicht nur den spanischen Maßstäben angepasst, sondern enthielt auch jeweils eine persönliche Note mit der ich die Kontaktaufnahme an die jeweilige Institution anpasste, nachdem ich mich auf ihrer Homepage eingehend informiert hatte. In meiner Kurz-Bewerbung für Trama Textiles hob ich den Vorteil heraus, dass Geographie mit seinem transdisziplinären Ansatz für den Fair Trade- Bereich sehr geeignet ist, da es Guatemala, als Raum, und die indigene Bevölkerung im Netz des globalen Wirkungsgefüge zu verstehen gilt. Des Weiteren drückte ich mein Interesse gegenüber einem unbekannten Kulturkreis, der internationalen Vermarktung und dem Verkauf von traditioneller Textilkunst aus. Da die positive Antwort auf Englisch verfasst worden war, erkundigte ich mich im Internet und bei amerikanischen Freunden über die Eigenheiten von anglophonen Bewerbungen und sendete somit eine auf Englisch verfasste Bewerbung, die allerdings aus einem vorgegebenen Bewerbungsformular bestand, zu.

Aufgrund der Zeitunterschiede und der räumlichen Distanz fand kein Bewerbungsgespräch statt und ich erhielt die feste Zusage mein Praktikum im Zeitraum vom 13. Juli bis zum 23. August 2009 bei Trama Textiles absolvieren zu können.

3. Guatemala

Die guatemaltekische Flagge ist weiß und hellblau (äußere Streifen) gestreift. In der Mitte befindet sich ein Lorbeerkranz, in dem sich zwei Schwerter und zwei Gewehre kreuzen. Der Nationalvogel, der grün-rote Quetzal, sitzt auf einer Schriftrolle auf der *Libertad 15 de Septiembre de 1821* (deu.: Freiheit seit dem 15 September 1821) steht.

Abbildung 1: Die guatemaltekische Flagge, (QUELLE: CIA, 2009 O.S.)

3.1 Topographie

Die Republik Guatemala (República de Guatemala) liegt in Zentralamerika und grenzt an den Golf von Honduras und dem Pazifik, wobei die Küstenlinie insgesamt 400 km beträgt. Um den guatemaltekischen Staat liegen die Länder Mexiko im Norden, Belize im Nordosten, Honduras im Südosten und El Salvador im Südwesten. Generell gilt das metrische System. Mit Mexiko teilt sich Guatemala eine Grenze

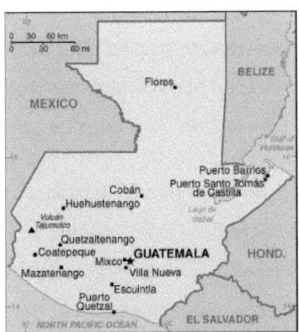

Abbildung 2: Karte von Guatemala (Quelle: CIA, 2009 O.S.)

von 962 km, mit Belize von 266 km, mit Honduras von 256 km und mit El Salvador von 203 km. Mit einer Größe von 108,889 km² ist Guatemala ein wenig kleiner als Tennesee.

Bei der Betrachtung von topographischen Karten zeigt sich, dass die guatemaltekischen Landmasse sich auf Ausläufern der Kordilleren, die sich von Alaska bis Feuerland erstreckt, befindet. Nur die *departamentos* (deu.: Bezirke) Peten und Escuintla bestehen fast ausschließlich aus Flachland. Der höchste Punkt innerhalb der nationalen Grenzen Guatemalas entspricht dem Vulkan Tajamulco mit einer Höhe von 4211 m, welcher gleichzeitig der höchste Berg Mittelamerikas ist. Dieser Vulkan bildet Teil der mittelamerikanischen Kette von meist nicht aktiven Vulkanen und Gebirgsketten, die das Landschaftsbild des Landes stark prägen.

Der Lago Izabal im Nordosten des Landes ist der größte See mit einer Oberfläche von 590 km². Das Klima in Guatemala ist tropisch. In den Höhenlagen eher feuchttropisch und in den Ebenen eher kühl. Die natürlichen Ressourcen bestehen vor allem aus Petroleum, Nickel und Edelhölzern. Vorwiegend besteht die Gefährdung durch Naturkatastrophen aus den zahlreichen Vulkanen, welche für stärkere Erdbeben sorgen können. Im Osten des Landes treten gelegentlich Hurricanes oder tropische Stürme auf. Andersherum besteht die stärkste Gefährdung der Natur durch den Menschen, durch Abholzung des Regenwaldes, Erderosion und Wasserverschmutzung (vgl. CIA 2009, o.S.).

3.2 Die wichtigsten historischen Begebenheiten

Aus der guatemaltekischen Geschichte stechen insgesamt vier historische Begebenheiten hervor: Die hochentwickelte Maya-Kultur, die Kolonisierung durch Spanien, die Unabhängigkeit Guatemalas und der 36-jährige Bürgerkrieg.

Von der Maya-Kultur, deren Blütezeit sich im Jahrtausend v. Chr. ereignete, zeugen heute noch viele Bauten und Schriften (vgl. CIA 2009, o.S.). Von der Mitte Mexikos bis nach Honduras erstreckten sich die Königtümer der Maya, welche sich aus verschiedenen Völkern und Sprachen zusammensetzten. Ihre Architektur, Kunst, wissenschaftlichen Errungenschaften in der Astronomie, Mathematik und die Techniken des Kunsthandwerks, insbesondere in der Malerei und im Umgang mit Textilien belegen, dass es sich bei den Mayas um eine Hochkultur handelte. Sie benutzten weder Metallwerkzeuge, noch Räder, also auch keinen einzigen Typ von Maschine, um ihre Städte und Dörfer zu errichten. Ihr Kalender beginnt am 11. August 3114 v. Chr., jedoch weiß man nicht, welche Bedeutung der erste Tag des Kalenders inne hat. Allerdings legt er den Zeitpunkt des Beginns der Mayakultur fest. welche 909 n. Chr. ihren klassischen Zusammenbruch aufgrund des Untergangs, dem Großteil der Bevölkerung, der Architektur und dem Maya-Kalender beinhaltet. Nicht alle Mayas gingen mit ihrer Hochkultur unter (vgl. DIAMOND 2006, S.199-224).

Im Jahr 1502 hatten die letzten 30.000 Maya den ersten Kontakt mit Europäern. Die Eroberung durch die Spanier folgte im Jahre 1527 und erst 1697 mit dem Sieg gegen das letzte Fürstentum endete. Das Ende ihrer Hochkultur wurde allerdings nicht durch Kolonialisation durch die Spanier beeinflusst, sondern hing mit der selbstverschuldeten Umweltzerstörungen (insbesondere Waldzerstörung und Erosion), sowie Klimaveränderungen und auch mit soziale Spannungen innerhalb der Maya zusammen (vgl. DIAMOND 2006, S.199-224). Dennoch wird die Kolonialisierung durch die Spanier als wichtige historische Begebenheit erörtert, da sie einen wichtigen Schnitt in der guatemaltekischen Geschichte darstellt. Insgesamt 300 Jahre dauerte die spanische Kolonialherrschaft und brachte Guatemala wirtschaftlich, politisch, sprachlich, sozial und kulturell Neuerungen, die noch heute zu erkennen sind. Zum Beispiel begründet sich die Bezeichnung Ladino als soziale und kulturelle Neuerung in der Ankunft der Spanier. Ladinos sind die Nachfahren von Maya-Frauen und spanischen Männern (vgl. PROEMBI 2007, S.35). Spanisch ist seitdem Amtssprache und die am weitesten verbreitete Religion ist der Katholizismus, welcher allerdings durch Elemente der Maya-Religion eine regionalspezifische Prägung hat (vgl. SÜDDEUTSCHE ZEITUNG 2009, S.39).

In der zweiten Hälfte des 20. Jahrhunderts litt Guatemala unter mehreren militärischen und zivilen Regierungen, als auch unter einem 36-jährigen Bürgerkrieg, welcher mehr als 100.000 Tote und ungefähr eine Million Flüchtlinge mit sich brachte. Nachdem der demokratisch gewählte Präsident Jacobo Arbenz von der CIA 1954 gestürzt worden war, begann die Verfolgung der linken Opposition durch die neuen Machthaber, welche bis 1985 aus den Reihen des Militärs kamen. Zwar übernahm danach der Christdemokrat Vinicio Cerezo die Macht, aber es sollte noch weitere 11

Jahre dauern, bis es zur Unterzeichnung eines offiziellen Friedensvertrages durch die Regierung kam. Dieser ist bis heute noch nicht vollständig umgesetzt worden. Auf der Seite der Guerilla übernahm die Gruppierung Unidad Revolucionaria Nacional Guatemalteca (URNG) seit den Siebzigern die Führung, welche aus ehemaligen jungen Offizieren bestand. Die Aktivitäten der Guerilla zielten vor allem gegen das Militär und den Staat als Institution und stützten sich hauptsächlich auf die indigene Bevölkerung in den Bergregionen Guatemalas, welche stark unter wirtschaftlicher Ungleichheit und Unterdrückung leiden mussten. Das Militär wiederum verfolgte in ihrem Kampf gegen den Kommunismus die politische Opposition und die soziale Basis der Guerilla, um das Land unter ihrer Kontrolle zu halten. Wie schon erwähnt fielen viele Menschen diesen Kämpfen zum Opfer und 90% dieser Opfer gehen auf das Konto des Militärs. Die militärischen Aktionionen gegen das Maya-Volk der Ixil wurde von der UNO sogar als Völkermord betitelt (vgl. LEONARD 2008, o.S.).

3.3 Die guatemaltekische Regierung

Guatemala ist eine konstitutionelle demokratische Republik, die seit 1879 aus 22 *departamentos* besteht, die weder auf die kulturelle oder soziale Verortung der verschiedenen Bevölkerungsgruppen Rücksicht nimmt, sondern rein administrativen und politischen Charakter hat. Die aktuelle Regierung wird seit 2007 von dem Sozialdemokraten Álvaro Colom geführt, welcher mit der Unidad Nacional de la Esperanza (UNE) die Wahl mit 30.4% für sich entscheiden konnte (vgl. CIA 2009, o.S.).

3.4 Bevölkerung

In Guatemala leben 13 Millionen Menschen. Die Mehrheit ist zwischen 15 und 64 Jahre alt ist. 49 % der Guatemalteken leben in den Städten, welche mit einer jährlichen Rate von 3,4 % wachsen. Guatemaltekische Frauen gebären im Durchschnitt 3,47 Kinder. Die geläufigste Religion ist der Katholizismus, welcher in Guatemala meist mit der Religion der Maya gemischt ist. Die Analphabetenrate beträgt 30 % in der guatemaltekischen Bevölkerung. Die größte Bevölkerungsgruppe stellen die Mestizen und Europäer mit 59,4 %, danach folgen die Maya-Völker Quiché mit 9,1 %, Kakqchikel mit 8,3%, Q'eqchi mit 6,3 %, andere Maya-Völker mit 8,6 %, indigene Nicht-Mayas mit 0,2 % und Anderen mit 0,1 %. Durch die Ankunft verschiedener Bevölkerungsgruppen, wie den Spaniern zum Beispiel, und der schon vorhandenen Vielfalt an Maya-Völkern, von welchen es 22 offizielle Untergruppen gibt, hat sich Guatemala im Laufe seiner Geschichte in ein multikulturelles Land verwandelt (vgl. PROEMBI 2007, S.35-6) (vgl. CIA 2009, o.S.).

Heute stehen die Mayas vor der Herausforderung der Globalisierung, sowie jede andere Bevölkerungsgruppe in dieser Welt. Die Erfindung und Nutzung neuer Technologien in anderen Regionen, zwingt vor allem Kunsthandwerker ihre traditionellen Gerätschaften gegen modernere auszutauschen, um sich auf den modernen Markt behaupten zu können. Langsam verschwindet immer mehr die traditionelle Bekleidung der Maya aus dem Alltag, denn sie wird gegen Kleidung aus Second Hand Shops mit Waren aus den USA ausgetauscht.

Abbildung 3: Maya-Frauen in ihrer Tracht, (QUELLE: FLICKR 2009, o.S.)

Die Globalisierung stellt auch für die Maya das Problem dar, dass auf die eigenen kulturellen Gepflogenheiten immer weniger Wert gelegt wird und sie stellt die Maya vor die Herausforderung ihre Identität, Sprache, Kleidung, Ernährung und soziale Organisation in einem globalen Kontext zu erhalten und weiterzuentwickeln (vgl. PROEMBI 2007, S. 37).

4. Trama Textiles

Trama Textiles ist eine Vereinigung von 346 indigenen Weberinnen aus fünf verschiedenen Maya-Völkern. Die Mission dieser Vereinigung besteht darin Arbeits-
plätze für guatemaltekische Maya- Frauen mit fairer Bezahlung zu schaffen, damit
diese ihre Familien und Dorfgemeinschaften unterstützen können und die Erhaltung
und Entwicklung der regionalen Traditionen zu fördern, da in diesen die Maya-
Kultur, die Textilkunst und ihre Geschichten weiterleben. Außerdem finden jährlich
Fortbildungen für die Frauen statt, in denen die Frauen sich gegenseitig in neuen
Techniken oder Mustertypen unterweisen. Auf diese Art und Weise werden gezielt
Produkte für den internationalen und nationalen fairen Handel entwickelt und umge-
setzt.

Abbildung 4: Logo der Vereinigung Trama Textiles (QUELLE: TRAMA TEXTILES 2009, O.S.)

Das Wort *Trama* bedeutet *verbindendes Garn* oder auch *Nahrung*. Für die Frauen
von Trama Textiles bedeutet es auch inhaltlich das Gleiche, da ihre Textilien für ihren Lebensunterhalt sorgen und Grundlage der Intention für die Gründung ihrer Vereinigung sind.

In 17 Webgruppen haben sich insgesamt 346 Frauen aus den fünf *distritos*
(deu.: Bezirken) Sololá, Huehuetenango, Sacatepéquez, Quetzaltenango und Quiché,
die alle im Osten Guatemalas liegen, zusammengeschlossen (siehe Anhang I). Innerhalb der Webgruppen wird die gleiche Sprache gesprochen, da sie aus der gleichen
Dorfgemeinschaft und dem gleichen Maya-Volk stammen. Aber zwischen den Web-
gruppen findet die Kommunikation auf Spanisch statt, da die Mitglieder der Web-
gruppen entweder die Maya-Sprachen Kakchiquel, Ixil, Mam, Tz'utujil oder Quiché
sprechen. Die Hälfte der aktuellen Mitglieder sind Witwen durch den Bürgerkrieg,

ein Viertel der Frauen sind verheiratet und bei einem Viertel der Mitglieder handelt es sich um junge, noch unverheiratete Frauen.

Für die Frauen ergeben sich verschiedene Vorteile durch die Mitgliedschaft in der Vereinigung Trama Textiles. Sie verkaufen ihre Waren nach Bestellung direkt an den Laden der Vereinigung und werden sofort fair bezahlt, sodass sie nicht wertvolle Produktionszeit bei der Suche nach Kunden auf der Straße verlieren. Dadurch, dass sie selber Mitglied in der Vereinigung sind, legen sie selber die Preise in dem Laden der Vereinigung, also ihre Bezahlung, fest. Dadurch sind sie nicht auf einen Mittelsmann angewiesen, der ihnen einen Preis, welcher erheblich niedriger wäre, diktieren kann. Da die Frauen zuhause arbeiten, können sie ihre Arbeitszeit flexibel den Spontanitäten des Alltags anpassen und sich besser mit ihrem Mann, der auf dem Feld, als Lastenträger oder Fischer arbeitet, koordinieren. Außerdem bietet Trama den Frauen eine feste soziale Basis, da durch die wöchentlichen Treffen innerhalb der Gruppen der Austausch, nicht nur über neue Designs und Techniken, sondern auch über andere Themen stattfindet, die wiederum die Dorfstruktur oder Organisierung positiv beeinflussen. Durch die Ansammlung von Kapital und Spenden ist es Trama außerdem möglich, ein eigenes Stipendienprogramm anzubieten. Dadurch wird es in jedem Jahr ermöglicht, daß mehrere Kinder zur Schule gehen können.

4.1 Der Werdegang von der Gründung bis heute

Im Jahr 1988, nach den schwierigsten Jahren des Bürgerkriegs in Guatemala, wurde die Vorgänger- Vereinigung von Trama Textiles gegründet. Zuerst trug diese den Namen CENAT (Centro Nacional de Artesania Textile), danach Asotrama (Asociación Trama), und seit Jahren heißt die Vereinigung Trama Textiles.

In den Achtzigern war die Situation in Guatemala in vielen Familien traumatisch, da aufgrund des Bürgerkriegs viele Männer, Großväter, Väter, Brüder und Söhne verschwunden waren. Die Verbliebenen, vor allem die Witwen, mussten nun lernen ohne diese zu überleben und ihre Familien und Dorfgemeinschaften zu unterstützen. Während dieser schwierigen Zeiten trafen Holländer im guatemaltekischen Hochland ein und trafen dort auf eine Gruppe von Weberinnen. Mit diesen Frauen wurde CENAT gegründet, um ihnen in ihrer neuen Situation zu helfen. In der Vereinigung mit dem Namen CENAT ging es vor allem um die Befähigung der Frauen Waren für den internationalen Handel herzustellen. Es wurden noch keine Waren international verkauft und die entstehenden Kosten wurden durch Spenden getragen.

1994 wurde CENAT in Asotrama umbenannt, denn jetzt sollten kommerzielle Tätigkeiten aufgenommen werden. Asotrama wurde in zwei Abteilungen eingeteilt. Eine hatte weiterhin Lehrcharakter, wohingegen die andere für die Produzierung von Textilien für den Handel verantwortlich war. Diese kommerzielle Abteilung wurde von ausländischen Angestellten der Fabrik geleitet, in der Gegenstände für die Produzierung von Textilien hergestellt worden sind.

Durch die Organisierungsform und Struktur von Asotrama, wurde den webenden Frauen ihr Mitspracherecht beschnitten, sodass sie am 14. Juni 2004 Trama Textiles gründeten und sich von jeglichen ausländischen Angestellten trennten. Jetzt sind die einzigen angestellten Mitarbeiter die Präsidentin, die Vize-Präsidentin und der Buchhalter. Deren Aufgaben und Pflichten werden in dem Kapitel 4.3 näher erläutert.

4.2 Die Bedeutung von Textilkunst

Die Gürteltechnik (esp.: telar de cintura) der Maya-Frauen gibt es schon seit mehreren hundert Jahren und ist somit wesentlicher Bestandteil ihrer Kultur und Identität. Ursprünglich diente das Weben vor allem der Herstellung des *traje,* dem traditionellen Gewand der Mayas. Heute tragen allerdings fast nur noch die Frauen mit Stolz ihre Tracht und das Weben wird viel mehr zur Herstellung von Textilien verwendet, die sie selber nicht gebrauchen (wie zum Beispiel Tischläufern). Wie schon erwähnt tragen die Frauen noch ihre Tracht, welche ausdrückt woher sie kommen und was in ihrem Maya-Volk von Bedeutung ist. Die Muster der Textilien verändern sich von Dorf zu Dorf, von den Bergregionen zu den Flachlandregionen, entlang Mexiko, Guatemala, Honduras und Belize. Jedes einzelne Werkstück und Muster erzählt eine andere Geschichte und steht für eine gemeinsame Vergangenheit und die gegenwärtige Kultur. Diese Handfertigkeit der traditionellen Gürteltechnik verbindet die Familien, Gemeinschaften und Traditionen, welche ihnen von ihren Maya-Vorfahren vermittelt worden sind.

Die Frauen der Ixil aus dem Dorf San Juan Cotzal, zum Beispiel, tragen ein *huipil* (deu.: Blusenhemd) in grün mit verschiedenen Darstellung von Bäumen, Bergen und

Blumen, was ihren Bezug zur Berglandschaft darstellt. Auch die *faja* (deu.: Gürtel) ist in grün gehalten und sie hält den grünfarbigen *corte* (deu.: Wickelrock) zusammen. Die Frauen aus dem Dorf Chajul tragen dahingegen ein huipil in weiß, auf welchem die Hand- Stickereien überwiegend in braun gehalten sind. Diese Stickereien weisen immer mindestens einen Adler auf, um diesen wegen seiner Erhabenheit und Stellung gegenüber den Menschen zu huldigen.

Das Weben bedeutet für die Frauen nicht nur den Ausdruck ihrer kulturellen Identität, sondern es ist für sie auch eine adäquate Einnahmequelle, um ihre Familie und Dorfgemeinschaft zu unterstützen. Statt, zum Beispiel, in einer Fabrik am Fließband zu stehen, sind sie zuhause, können ihre Kinder beaufsichtigen, andere Arbeiten gleichzeitig dirigieren und während kleiner Unterbrechungen Tätigkeiten im Haushalt ausführen.

4.3 Organisationsstruktur der Mitglieder von Trama Textiles

Die 346 Frauen, welche in 17 Web- Gruppen in 5 Bezirken Guatemalas organisiert sind, bilden die Basis der Vereinigung Trama Textiles (siehe Abbildung 5). Sie produzieren die Textilien und sprechen innerhalb ihrer Web- Gruppe entweder Kakchiquel, Ixil, Mam, Tz'utujil oder Quiché. Die Mitglieder der Web- Gruppen befinden sich in dem Alter von 10 bis 75 Jahren. Allerdings ist hervorzuheben, dass die Mädchen in dem Alter von 10-16 zwar schon weben, dies nicht zu kommerziellen Zwecken tun. Sie befinden sich noch in der Ausbildung bei ihren Müttern, Tanten oder Großmüttern und erlernen verschiedene Techniken und Designs, die sie an ihren Webstücken üben. Ist das Webstück dennoch brauchbar für den Handel, steht es dem

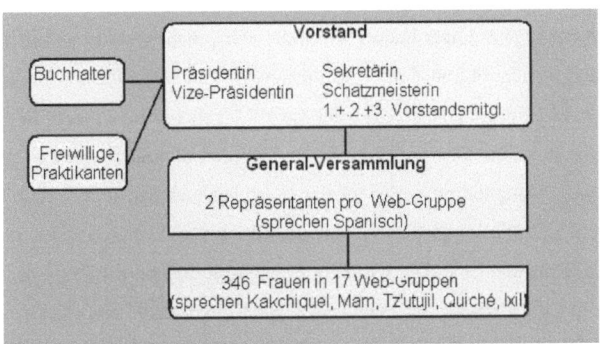

Abbildung 5: Organisatiosnstruktur von Trama Textiles (QUELLE: EIGENE DARSTELLUNG 2009)

Mädchen frei es auch verkaufen zu können.

Je nach Web- Gruppe werden jedes Jahr oder jedes zweite Jahr zwei Repräsentantinnen gewählt, welche spanisch sprechen müssen, damit sie sich in der General-Versammlung mitteilen können.

Die General- Versammlung findet einmal jährlich in Quetzaltenango in der Zentrale statt und entscheidet über grundlegende Angelegenheiten, wie zum Beispiel Verfassungsänderung. Diese General- Versammlung wählt alle zwei Jahre den Vorstand, der jeweils aus einer Präsidentin, einer Vize-Präsidentin, einer Sekretärin, einer Schatzmeisterin und drei Vorstandsmitgliedern besteht.

Die Präsidentin, die Vize-Präsidentin und der Buchhalter sind die einzigen hauptamtlichen Mitarbeiter, die ein monatliches Gehalt beziehen, wohingegen die restlichen Ämter (Sekretärin, Schatzmeisterin und die drei Vorstandsmitglieder) und die Stellen der Praktikanten ehrenamtlich ausgeführt werden. Selbstverständlich werden die 346 Frauen auch bezahlt, aber bei ihrer Bezahlung handelt es sich nicht um ein monatlich ausgezahltes Gehalt, sondern die Höhe ihrer Bezahlung hängt vom Volumen ihrer produzierten Textilien ab. Sie erhalten einen so genannten Akkordlohn, den sie selber mit der Gruppe festlegen. Auf dieses Thema der Bezahlung wird später im Kapitel 5.4 näher eingegangen. Die Präsidentin und die Vize- Präsidentin sind für die Organisierung der Vereinigung, die Repräsentation von Trama Textiles im nationalen und internationalen Kontext und die Zentrale der Vereinigung zuständig.

In dieser Zentrale in Quetzaltenango befindet sich das Lager, der Laden für den lokalen Verkauf, die Webschule, das Büro und die Praktikanten und Freiwilligen werden hier koordiniert. In dem Lager befinden sich die von den Gruppen abgelieferten Waren, die darauf warten im Laden in Quetzaltenango, in *Colibri* oder *Ojo Cosmetico* in Antigua oder im Export nach Europa oder die USA verkauft zu werden. In dem Laden liegen die Produkte aller Gruppen aus und werden dort an Passanten, die durch den *lonely planet*- Reiseführer oder lokaler Werbemaßnahmen von Trama Textiles erfahren, verkauft. Die Webschule ist eine Abteilung von Trama Textiles, die einen durchaus ambivalenten Charakter hat. Zum Einen birgt die Unterrichtung der Gürteltechnik ein gewisses Risiko der *Züchtung* neuer Konkurrenz. Zum Anderen ist die Gürteltechnik grundlegend wichtig für die Frauen, da sie sie befähigt mit einer besonderen Web- Technik Textilien von hoher Qualität herzustellen. Die Vereinigung ist auf die Einnahmen aus dieser Abteilung angewiesen, um Verwaltungs- und Werbekosten decken zu können.

Der schon kurz erwähnte Buchhalter ist kein Mitglied der Vereinigung, sondern wird nur für die Buchhaltung der Vereinigung in Anspruch genommen. Auf die Aufgaben der Freiwilligen und Praktikanten werde ich im Folgenden eingehen.

5. Tätigkeitsbereiche der Freiwilligen und Praktikanten (Nicht-Mitglieder)

Generell wird von Praktikanten und Freiwilligen Motivation, Flexibilität, die Fähigkeit im Team oder selbstständig zu arbeiten, sich für mindestens drei Wochen zu verpflichten und ein grundsätzliches Interesse an neuen Erfahrungen und vor allem an der Kultur der Maya vorausgesetzt. Als Gegenleistung für ihr Engagement können sie die Gürteltechnik- Weberei erlernen, sich mit den Weberinnen direkt austauschen, indem sie mit ihnen in Quetzaltenango zusammenarbeiten oder eine Web-Gruppe besuchen und dabei ihr Spanisch und ihre Kenntnisse über die guatemalteksische Kultur verbessern. Praktikanten und Freiwillige können sich selber aussuchen in welchem Bereich von Trama Textiles sie aktiv werden möchten, allerdings sollten sie dabei stets die Mission von Trama Textiles unterstützen. Das Büro der Freiwilligen und Praktikanten befindet sich in der Zentrale in Quetzaltenango und ist mit recht einfachen Mitteln ausgerüstet. Es ist kein Internet oder Drucker vorhanden und bei der Abwickelung von Büroarbeiten, ist man stets auf Abruf, um in der Webschule oder im Trama Laden auszuhelfen.

Insgesamt gibt es sieben verschiedene Bereiche in denen die Praktikanten und Freiwilligen aktiv werden können.

Für kürzere Aufenthalte von Praktikanten und Freiwilligen ist der Bereich der **Fotographie** als Aktionsfeld vorgesehen, um das Dokumentationsmaterial über Trama zu erweitern.

Im **Graphic Design** Bereich kann Informationsmaterial erstellt oder verbessert, sprich aktualisiert, werden. Hierbei handelt es sich um Marketing-Material in Papierform oder um Inhalte auf der Homepage.

Fundraising ist notwendig, um Web- Gruppen bei jeder Art von Investitionen zu unterstützen. Potentielle Förderungen verschiedenster Art müssen recherchiert und bearbeitet werden. In diesem Bereich wird in Kooperation mit dem Graphic Design Bereich auch das Informations- Material für Spender, Förderungen und Benefiz Veranstaltungen erstellt.

Auch die weiteren vier Bereiche: Kommunikation, Marketing, Service und Research werden ausführlicher im folgenden Kapitel vorgestellt, da sie zu meinem Tätigkeitsbereich gehörten.

5.1 Kommunikation

Der Bereich der Kommunikation sind vor allem Fremdsprachenkenntnisse gefragt. Innerhalb der Vereinigung lagen oft orale Übersetzungen vom Spanischen ins Englische in meiner Verantwortung. Während der Webkurse oder bei jeglichem Austausch zwischen den Maya-Frauen und nicht spanisch- sprechenden Menschen galt es spontan Übersetzungen zu leisten und die Homepage in die deutsche Sprache zu übersetzen und dann gleichzeitig inhaltlich zu aktualisieren. Des Weiteren habe ich neuen Freiwilligen und Praktikanten eine Einführung in die Struktur und Geschichte der Vereinigung und Orientierungshilfen in Quetzaltenango in Spanisch und Englisch gegeben, um ihnen einen schnellen Einstieg in ihre eigenen Aufgabenbereiche zu ermöglichen. Während des Sommers 2009 fand außerdem ein Langzeitprojekt, initiiert durch den Koordinator der Nicht-Mitglieder, mit dem Untersuchungsgegenstand der Kommunikation innerhalb der Vereinigung, statt. Im Rahmen von diesem Langzeitprojekt fanden in unregelmäßigen Abständen Exkursionen zu mehreren Web-Gruppen statt und es wurden vor Ort auf Spanisch Interviews über den Untersuchungsgegenstand geführt. Die Darstellung der Ergebnisse würde den Rahmen von diesem Praktikumsbericht sprengen.

Auch die Kommunikation nach *außen* ist für eine Vereinigung, wie Trama Textiles, sehr wichtig. Kunden aus Guatemala, den USA oder Europa senden Anfragen im Bezug auf das Sortiment und ihre Bestellung, Bewerbungen von Praktikanten und Freiwilligen müssen bearbeitet werden und potentielle Kunden benötigen Informationen, die über das Initial Contact Paper nicht abgedeckt sind. Gerade für die ersten beiden Punkte ist stets der aktuelle Koordinator der Nicht-Mitglieder zuständig und dirigiert an Freiwillige und Praktikanten die Ausführung und neuen Input an Ideen durch die Anfragen der Kunden. Die Kontaktaufnahme zu neuen potentiellen Kunden und deren Betreuung wurde im Bereich der Kommunikation nach außen von mir abgedeckt.

5.2 Marketing

Im Bereich des Marketings in Trama Textiles geht es um die Verbreitung oder Positionierung des Images und der Produkte der Vereinigung auf dem nationalen und internationalen Markt. In Kooperation mit Sprachschulen, Nichtregierungsorganisationen und Firmen wird Trama Textiles in verschiedenen Formen, wie Flyern, Postern oder online, bekannt gemacht. Teil von diesem Aufgabenbereich ist auch die Kontaktaufnahme zu neuen Werbepartnern, wie zum Beispiel internationalen Web- oder Quiltvereinigungen. Inhaltlich unterstützt der Marketingbereich auch Arbeiten des Graphic Design, sodass sich dieser vollends auf die Gestaltung konzentrieren kann. Somit unterstützte ich inhaltlich die Erarbeitung von Kartenmaterial für Marketingzwecke (siehe Anhang I), indem ich Statistikmaterial auswertete und dem Projekt entsprechend aufbereitete. Ein Projekt in eigener Initiative war die Positionierung von Informations- Flyern in 14 deutschen Städten in 20 verschiedenen Einrichtungen, die am fairen Handel teilnehmen, um weitere Freiwillige und Praktikanten für Trama Textiles zu begeistern.

5.3 Store Management

Dieser Aufgabenbereich, welchen ich in unregelmäßigen Abständen auch betreuen musste, beinhaltet die Möglichkeit die Gestaltung des Ladens zu optimieren, indem Produkte neu arrangiert und der Laden umdekoriert wird. Außerdem werden Kunden beim Eintreten in den Laden angesprochen, gegebenenfalls beraten und über Trama Textiles informiert. Generell handelt es sich bei der Kundschaft zu 95% um Amerikaner, Europäer und Australier.

5.4 Produktverkauf im fairen Handel

Im Bereich des Produktverkaufs geht es stets um die gezielte Steigerung des Umsatzes, besonders des Exports. Durch die Untersuchung oder Beobachtung von Zielmärkten und Marketing, welches sich insbesondere um neue Handelspartner bemüht und sodann Informationsmaterial auf diese potentiellen Partner abstimmt. Bearbeitungsgegenstand in diesem Sommer war unter Anderem auch die Überarbeitung des Kataloges, bei welcher ich bei den Fotoaufnahmen teilnehmen und mithelfen konnte. Außerdem wurde in diesem Sommer ein Equal Opportunity Paper und ein allgemeines Initial Contact Paper for Partners verfasst, welche mehrmals nach Meetings mit dem gesamten Kreis der Freiwilligen und Praktikanten weiterentwickelt worden sind. Die Vereinigung Trama Textiles hatte gerade in Hinsicht auf generalisierte Formulare und Anschreiben bis zum August dieses Jahres ein erhebliches Defizit gehabt.

Neben dem Bereich der Kommunikation war der Produktverkauf Hauptaktionsfeld des Praktikums. Um neue Kunden auf dem deutschen Markt ausfindig zu machen, musste man sich zuerst im Klaren darüber sein, welche Ansprüche Trama Textiles an seine Kunden stellt. Grundlegend ist in dieser Hinsicht die Teilnahme des Kunden oder Partners am fairen Handel, um die Preisvorstellungen der Vereinigung durchsetzen zu können. So wurde von mir durch Recherche per Suchmaschine im Internet, weiterer Recherche durch die Verlinkungen einiger Seiten und der Unterstützung durch Hans-Christoph Bill, welcher Fair-Handels-Berater für Hamburg und Schleswig-Holstein bei dem Mobile Bildung e.V. ist, eine Liste potentieller Kunden erstellt.

Exkurs: Fairer Handel

Der faire Handel ist ein alternativer Ansatz des gewöhnlichen Handels und begründet sich in der Handelsbeziehung zwischen dem Produzenten und dem Konsumenten. Der faire Handel ermöglicht zum Einen den Produzenten bessere Vertragsbedingungen um ihre Lebensbedingungen und zukünftigen Möglichkeiten zu verbessern und zum Anderen den Konsumenten durch ihr tägliches Konsumverhalten Menschen finanziell zu unterstützen. Wenn ein Produkt mit einem Fair-Handels-Zertifikat versehen ist, bedeutet dies, dass spezifische Fair-Handels-Standards von den Produzenten und Händlern eingehalten worden sind.

Diese **Standards** wurden festgelegt, um Ungleichheiten in Handelsbeziehungen, instabile Märkte und Ungerechtigkeit im gewöhnlichen Handel zu korrigieren. Diese Standards gibt es, gemäß der zwei grob eingeteilten Gruppen von benachteiligten Produzenten. Man spricht von einer Gruppe sogenannter Kleinbetriebe, die in Organisationen mit demokratischen Strukturen organisiert sind, und von einer zweiten Gruppe der einfachen Arbeitnehmer, welche von ihren Vorgesetzten angemessen bezahlt werden, sich in Gewerkschaften organisieren können, bis zu einem bestimmten Maß krankenversichert sind und unter adäquaten Arbeitsbedingungen arbeiten.

Der **Fair-Handels-Preis** wird durch die obengenannten Standards für die Mehrheit der Fair-Handels-Produkte beeinflusst. Die Intention von diesem Preis ist die Deckung von nachhaltiger Produktion und die Absicherung der Produzenten im Falle eines rapiden Abstiegs des Weltmarktpreises. Der Konsument zahlt allerdings im Falle eines höheren Weltmarktpreises oder aufgrund bestimmter Produktattribute oder höherer Qualitätsstufen einen Preis, welcher den Fair-Handels-Preis übersteigt (FLO 2009, o.S.).

Die **Geschichte** des fairen Handels in Deutschland begann in den Siebzigern, vornehmlich mit handwerklich erzeugten Gütern innerhalb der *Aktion Dritte Welt Handel*, die von mehreren christlichen Jugendgruppen initiiert worden war (NRW KIRCHENARCHIV 2002, o.S.).

Bei näherer **kritischer Betrachtung** muss man sich im Klaren darüber sein, dass das Handelsvolumen des fairen Handels im globalen Kontext bedeutungslos ist. Am Beispiel des Kaffees, als einer der Hauptprodukte des fairen Handels, zeigt sich, dass von 6,5 Millionen der jährlichen Kaffeeernte 0,3% fair gehandelt worden sind, was weltweit 19.000 t entspricht. Des Weiteren ist der Begriff fair durchaus verschwommen. Was heißt genau fair? Zahlung eines Lohnes oberhalb der Armutsgrenze, wobei sich wieder die Frage aufwirft, oberhalb welcher Armutsgrenze gezahlt werden soll oder macht die Zahlung des nationalen Mindestlohnes mehr Sinn? Bei der Umsetzung des fairen Handels kann es nicht um eine absolut lebensfähige und unabhängige Alternative gehen, da der faire Handel ohne diesen nicht lebensfähig wäre, da dieser auf die konventionelle Handels-Infrastruktur angewiesen ist. Außerdem bietet der faire Handel aufgrund seiner aktuellen Beliebtheit ein erhebliches Potential der Manipulation der Öffentlichkeit für Imagezwecke von Unternehmen. Und zuletzt kann der Konsument zwar Einfluss nehmen, aber geht es nicht auch um globalpolitische Fragen, wie der allgemeinen Organisierung des konventionellen Handels, seiner Deregulierung und der asymmetrischen Machtverhältnissen zwischen Konsumenten und Produzenten (BORIS 2006, S.199-215)?

Es zeigt sich, dass der faire Handel durchaus ambivalent untersucht werden kann und daher, zum Beispiel, weder als Heilmittel der aktuellen, wirtschaftlichen Situation vieler Länder, noch als naive Idee der Siebziger abgestempelt werden kann.

Auf dem deutschen Markt des fairen Handels lassen sich grob zwei Kundentypen ausmachen: Kunden, die selbst prüfen, ob die Produkte und der Handel fairen Handelskriterien unterliegt und Kunden, die eine Fair-Handels-Zertifikat voraussetzen. Zur ersten Gruppe gehören Institutionen, wie Aprosas, welcher ein kleinerer Importeur ist, der sich vor allem auf Textilien aus Guatemala spezialisiert hat, sowie auch die CONTIGO GbmH, welche eine Fair Trade Kette ist oder El Puente GmbH, die insbesondere im Import und Vertrieb aktiv ist. Eine Ausnahme stellt der Weltladen Weißwasser dar, da die deutschen Weltläden fast ausschließlich bei anerkannten Fair-Handels-Organisationen, wie der GEPA- the Fair Trade Company GmbH oder dwp eg kaufen. Diese Organisationen gehören allerdings zum zweiten Kundentyp und setzten somit eine Fair-Trade-Zertifizierung ihrer Handelspartner voraus. Zwar fühlt sich Trama Textiles den internationalen Fair-Handels-Kriterien verpflichtet, allerdings wurde dies noch nicht durch ein Fair-Trade-Zertifikat bestätigt, sodass die Zertifizierung von Trama Textiles elementarer Baustein des weiteren Ausbaus des Kundenstammes bedeutet.

International bekannt und anerkannt sind die Zertifikate der World Trade Organisation (WFTO), die Zertifikate im Kontext ihrer Regionalgruppen vergibt, die European Fair Trade Association (EFTA) und die Fair Trade Labelling Organization International (FLO). Diese zertifizierenden Institutionen bieten oft auch Beratung beziehungsweise Kontaktvermittlungen an, sodass auch Produzenten in benachteiligten Kontexten die Möglichkeit gegeben wird den Prozess der Zertifizierung durchzuführen. Da nicht alle dieser Organisationen Textilproduzenten zertifizieren, reduziert sich die Auswahl der Möglichkeiten. Des Weiteren musste es die Bewerbungsunterlagen auch auf Spanisch geben. Da die Präsidentin und ihre Vertreterin in die Erstellung der Bewerbungsunterlagen aktiv miteinbezogen werden sollten, galt dies als wichtigstes Kriterium. Die beiden höchsten Vertreterinnen und der Buchhalter sollten in der Lage sein, die Papiere und Anforderungen ohne Hilfe von Praktikanten oder Freiwilligen zu verstehen, um somit eine erfolgreiche und abgeschlossene Bearbeitung dieser Unterlagen zu gewährleisten, da der Zeitaufwand der Bearbeitung nur schwer einzuschätzen war und die Freiwilligen und Praktikanten größtenteils nur für ein paar Wochen bei Trama Textiles arbeiten. Die Entscheidung für eine zertifizierende Organisation fiel auf die Asociación Internacional de Comercio Justo Latinoamerica (IFAT LA), da diese den beiden oben genannten Kriterien entsprach und außerdem insbesondere auf lateinamerikanische Institutionen ausgelegt war. Die IFAT LA ist eine Regionalgruppe der WFTO und somit ein regionalspezifisches Zertifikat, welches global gültig ist.

Abbildung 6: Logos der WFTO und der IFAT LA (QUELLE: IFAT LA 2009, O.S.)

Nach drei Wochen intensiver Bearbeitung meinerseits und durch den Koordinator der Praktikanten waren alle nötigen Formulare ausgefüllt und Trama Textiles wartet jetzt auf eine Antwort durch die IFAT LA.

Von den potentiellen Kunden, die kein offizielles Zertifikat von ihren Handelspartnern fordern, hab ich mich in Absprache mit meinen Kollegen auf einem der Meetings für die CONTIGO GmbH und den Weltladen Weißwasser entschieden. Eine Auswahl der zu bearbeitenden Kontakte ist wichtig, um erstens den Überblick zu behalten und zweitens, um einen Probedurchgang der Kontaktaufnahme und Bereitstellung der geforderten Informationen durchzuexerzieren, damit bei weiteren Kontaktaufnahmen ein professionellerer Eindruck entstehen kann.

Zuerst wurde ein kurzes Anschreiben an die obengenannten potentiellen Kunden auf Englisch verfasst und zusammen mit dem Initial Contact Paper im Anhang, als email, versendet. Da keine Antwort innerhalb von wenigen Tagen bei Trama Textiles einging, musste man aufgrund der Bürozeiten in Deutschland nachts in Guatemala aufstehen, um bei CONTIGO und dem Weltladen Weißwasser nach dem Bearbeitungsstatus der email zu fragen. Im Weltladen war die email vergessen worden und bei CONTIGO befand sich der Sachbearbeiter noch im Urlaub, sodass es zu weiteren Verzögerungen kam. Beide Institutionen antworteten nun mit Anfragen für weitere Informationen über Trama Textiles (siehe Beispiel von CONTIGO im Anhang II), um Trama, als potentiellen Handelspartner überprüfen zu können. Die Bearbeitung dieser Anfragen konnte ich noch beginnen, das heißt sie werden momentan weiterhin bearbeitet, um den möglichen Aufbau einer Handelspartnerschaft von beiden Seiten voranzubringen.

6. Der Fairer Handel als Tätigkeitsfeld für Geographen

Generell werden in Deutschland keine Stellen im fairen Handel spezifisch für Geographen ausgeschrieben. Allerdings arbeiten in einigen Organisationen des Fairen Handels (s. hierzu die Mitgliedsorganisationen des Forums Fairer Handel oder Brot für die Welt, Misereor u. A.) Menschen im Bereich *Beratung* oder *Kampagnen* im lokalen, regionalen, nationalen und internationalen Kontext, die auch Geographen sein könnten. In der Regel sind diese Stellen aber recht fächerübergreifend und dementsprechend arbeiten, zum Beispiel im Weltladen-Dachverband, Ethnologen, Kommunikations-Designer, Politikerwissenschaftlerinnen, Pädagogen et cetera und ein Geograph.

Gemäß Manuel Blendin vom Weltladen-Dachverband e.V. in Deutschland, ist es empfehlenswert für einen Einstieg in so eine Organisation in Deutschland auf jeden Fall ein Praktikum zu absolvieren. So hat man die Möglichkeit die Materie besser kennenzulernen und ein bisschen *NGO-Luft* zu schnuppern. Praktikumsstellen im Bereich des Fairen Handels lassen sich auf Internetseiten, wie www.fairjobbing.de finden.

Sollte man allerdings daran interessiert sein, innerhalb des fairen Handels zu agieren, gibt es die Auswahl, im Kontext der vier Akteure zu arbeiten: Entweder in der Entwicklungszusammenarbeit mit den Produzenten direkt vor Ort, bei Fair-Handels Importeure oder konventionelle Unternehmen, in Zertifizierungs-Organisationen oder in Fachgeschäften des fairen Handels und im konventionellen Einzelhandel. Bei all diesen Institutionen kann man als Geograph seine fachlichen Kernkompetenzen, wie räumlich-vernetztes Denken, Interdisziplinarität und die Flexibilität eines Generalisten intensiv einbringen. Alternativ ergibt sich auch die Möglichkeit sich selbstständig zu machen, was jedoch ein gewisses Maß an kaufmännischen Kenntnissen, eine zündende Geschäftsidee und Risikobereitschaft erfordert.

7. Reflexion und Bewertung des Praktikums

In fachlicher, wie auch persönlicher Hinsicht, war das Praktikum bei Trama Textiles generell eine Bereicherung.

Innerhalb von sechs Wochen habe ich einen tiefen Einblick in eine Kooperative von indigenen Weberinnen gewinnen können und mich dabei mit so manchen Aspekten des fairen Handels, der Arbeit in einer Nichtregierungsorganisation und der Maya-Kultur auseinandergesetzt. Dadurch, dass ich in einer Vereinigung in Guatemala mit Kollegen aus den USA, Schottland und Holland gearbeitet habe, hatte ich außerdem die Möglichkeit meine Sprachkenntnisse in einem internationalen Arbeitsumfeld anzuwenden, wie auch meine kulturellen Fertigkeiten zu verfeinern. Dieser zuletzt genannte Punkt trifft auch auf die Arbeit mit den Mayas zu, welche aus ihrem eigenen kulturellen Kontext heraus agieren. Fachlich habe ich mich somit sozialgeographisch, wirtschaftsgeographisch und geographisch politisch mit Fragestellung die Mayas betreffend und ihrer Interaktion mit der guatemaltekischen Gesellschaft, ihrem physischen Umfeld und ihrer wirtschaftlichen Verknüpfungen auf lokaler, wie auch internationaler Ebene, beschäftigt.

Der Aufbau der Vereinigung ermöglichte es mir einen umfassenden Einblick in fast alle Bereiche zu erhalten und diese ambivalent, gemäß meines Kenntnisstandes, bewerten zu können.

Das Praktikum war für mich persönlich eine absolute Bereicherung, aufgrund der schon erwähnten Sprach- und kulturellen Fähigkeiten, allerdings wurde meine fachliche Bereicherung von einem allgemeinen Mangel an Professionalität im Kollegenkreis überschattet. Die Kollegen waren entweder nicht besonders motiviert, nicht fertig ausgebildet oder nur für kurze Zeit verfügbar. Des Weiteren ist die interne Struktur teils recht chaotisch, was nicht hilfreich bei der Beseitigung von internen Problemen hilft. Es gibt Defizite, meiner Meinung nach, in vier Bereichen von Trama Textiles. Zum Ersten sind die demokratischen Strukturen vorgegeben und wurden im Jahr 1989 auch notariell festgehalten, aber diese werden aufgrund von Machtinteressen oder finanzieller Probleme nicht ausreichend ausgefüllt. Somit kommt es zum Zweiten in dem Bereich der Kommunikation zu Defiziten in der Transparenz und im Austausch. Gerade das Thema der Transparenz, welches für Menschen aus westlichen Kulturen absolut einleuchtend erscheint, stößt auf Mauern bei den indigenen Frauen, welchen sich Transparenz nicht erklärt oder sogar als Bedrohung wahrgenommen wird. Dahingehend war es, zum Beispiel, nicht immer leicht die Unterlagen für die Bewerbung für das Fair-Handel-Zertifikates zu erhalten. Zum Dritten war das Thema der Preisbildung und des fairen Handels im Allgemeinen eher von verschwommenen Leitlinien seitens Trama Textiles geprägt. Dies ist allerdings ein generelles Problem, welches in dem Exkurs Fairer Handel schon angeschnitten worden ist. Viertens ist das Marketing von Trama Textiles noch stark ausbaufähig, da es sich auf Quetzaltenango und das Internet beschränkt. Doch trotz dieser Defizite funktioniert diese Vereinigung, was darlegt, dass die Defizite nicht die Überlebensfähigkeit, sondern letztendlich nur den Umfang ihres Erfolges beschneiden.

8. Literaturverzeichnis

Es können erhebliche Ähnlichkeiten zwischen den Texten der Homepage von Trama Textiles und diesen Praktikumsberichtes auftreten, da die Texte der Homepage von mir persönlich verfasst worden sind.

BORIS, JEAN-PERRE (2006): (Un) Fair Trade. Das profitable Geschäft mit unserem schlechten Gewissen. Paris, München.

CENTRAL INTELLIGENCE AGENCY (CIA) (2009): Guatemala. Online unter: https://www.cia.gov/library/publications/the-world-factbook/geos/gt.html (abgerufen am 01.10.2009)

FAIR TRADE LABELLING ORGANISATION INTERNATIONAL (FLO) (2009): What is FairTrade? Online unter: http://www.fairtrade.net/what_is_fairtrade.html (abgerufen am 18.10.2009)

LEONARD, RALF (2008): Preisgabe des Staatsgeheimnisses. In: Lateinamerika Nachrichten. Ausgabe 406 vom April 2008. Online unter: http://www.lateinamerikanachrichten.de/?/artikel/2731.html (abgerufen am 1.10.2009)

NRW KIRCHENARCHIV (2002): Aktion Dritte Welt Handel. Online unter: http://www.archive.nrw.de/LAV_NRW/jsp/bestand.jsp?archivNr=423&tektId=10 (abgerufen am 18.10.2009)

PASSARGE, GUDRUN (2009): Süßer Tod. Das Erbe der Mayas ist heute noch in Mexiko lebendig. In: Süddeutsche Zeitung Nr. 237 vom 15.10.2009, S. 39

PROYECTO MULTIPLICADOR DE EDUCACIÓN MAYA BILINGÜE INTERCULTURAL (PRO-EMBI) (2007): Cultura Maya e Interculturalidad. Guatemala

Anhang

- Ergebnis des Kartenprojektes aus dem Tätigkeitsbereichs des Marketing (für den Druck als Poster gedacht)

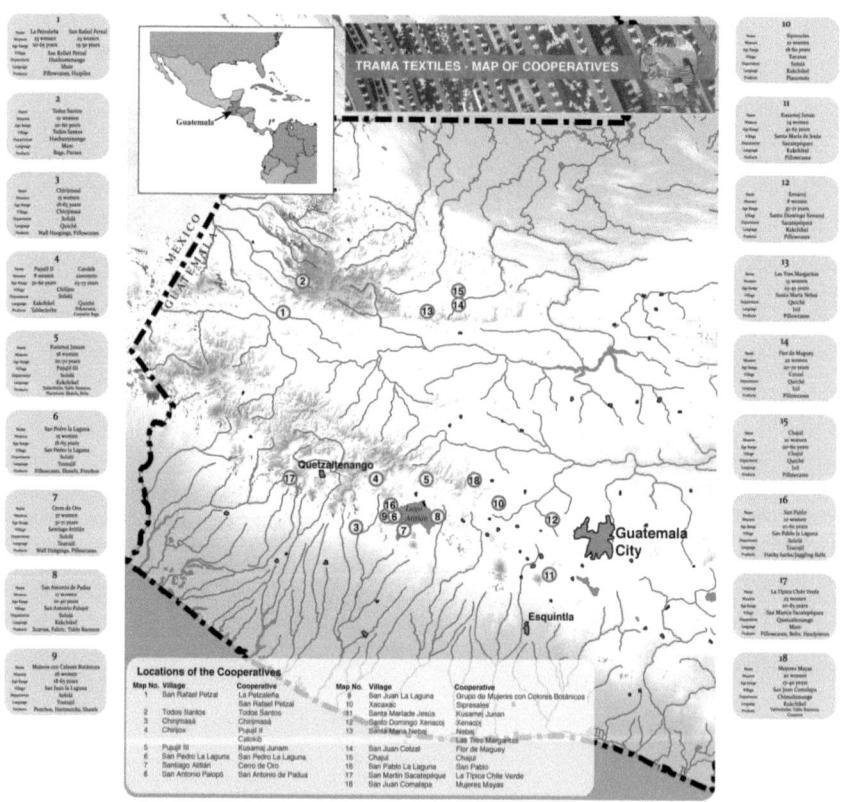

TRAMA TEXTILES - MAP OF COOPERATIVES

Locations of the Cooperatives

Map No.	Village	Cooperative	Map No.	Village	Cooperative
1	San Rafael Petzal	La Petzaleña	9	San Juan La Laguna	Grupo de Mujeres con Colores Botánicos
		San Rafael Petzal	10	Xecaxóc	Sipresales
2	Todos Santos	Todos Santos	11	Santa Mariade Jesús	Kusamej Junan
3	Chonjmasá	Chonjmasá	12	Santo Domingo Xenacoj	Xenacoj
4	Chirijox	Pueal II	13	Santa María Nebaj	Nebaj
		Calcitoj			Las Tres Margaritas
5	Pujujil III	Kusamej Junam	14	San Juan Cotzal	Flor de Maguey
6	San Pedro La Laguna	San Pedro La Laguna	15	Chajul	Chajul
7	Santiago Atitlán	Cerro de Oro	16	San Pablo La Laguna	San Pablo
8	San Antonio Palopó	San Antonio de Padua	17	San Martín Sacatepéquez	La Típica Chile Verde
			18	San Juan Comalapa	Mujeres Mayas

TRAMA Textiles is an association of women for artisan development in backstrap loom weaving. The association works directly with weaving cooperatives, representing 400 women from five regions in the western highlands of Guatemala: Sololá, Huehuetenango, Sacatepéquez, Quetzaltenango and Quiché.

Mission
Our mission is to create work for fair wages for the women of Guatemala; to honourably support our families and communities; and to preserve and develop our cultural traditions through the maintenance of our textile arts and their histories.

Trama Textiles / (502) 7761-5432 / trama.textiles@yahoo.com / tramatextiles.org

CONTIGO GmbH

Wilh.-Lambrecht-Str. 3
37079 Göttingen
Tel: 0551-209 21- 0

Information leaflet - New products / purchase procedure

We are happy to receive many requests to purchase products from countries in overseas. Being a fair trade import company we are following particular procedures and certain principles as laid down in our „General Agreement on Socially Fair and Human Trade".

First of all: the product itself
The quality and the sales potential of the product determines, if we start a contact.
If the product does not sell for whatever reason it will help neither us nor the producers. That is why we have to reject products with quality problems, usage problems, health problems or technical deficits. Furthermore the product has to fit to one of our existing ranges.

First step: checking samples
Before getting into contact with the producers/ suppliers we should have a sufficient variety of samples which allow us to check the product performance.

Second step: collecting information
If we think that the product offered will fit into our concept and assortment, we will ask the supplier to provide sufficient information on the actual producers, social and working conditions. This will give us a first impression whether the source has the potential to meet the standards laid down in our „General Agreement". Therefore it is essential for all potential suppliers to go through this document which has duely to be signed by both the supplier and the purchaser.

A questionnaire will be sent to fill in. In particular we need to know details of
- number of producers, craftsmen, farmers etc.
- composition of the producers (male, female, ethnic, cultural or religious group)
- description of geographic aerea
- measures to ensure appropriate social conditions and payment for producers
- measures for health and youth protection
- complete trade chain

We want these information materials for two reasons:
1. We want to ensure that the producing side and the trade links correspond to our concept of fair trade.
2. On the other hand we want to expose interesting pictures and information towards our customers.

Third step: preparing the order

After having selected the items we would like to purchase, a first pilot order will be prepared by us. The proforma order will contain a product description strictly based on the first samples, quantities, order value, time of delivery and terms of payment and sometimes additional side agreements.

This proforma order has to be confirmed by the producer/supplier through proforma invoice. This allows us to check whether all details of our order have been understood and agreed.

As soon as we have received and confirmed the proforma invoice, we prepare an advance payment as agreed which is usually 50% of the order value. Now the production can start.

Fourth step

Having received the goods within the agreed time schedule quality and quantity will be checked immediately. If all details correspond to our order, we remit the final payment at once.

For a sustainable and long term cooperation, product development and innovations are absolutely essential. CONTIGO will report market information and create new designs to strengthen the launched product ranges. Flexibility and creativity on the producer side are highly welcome.

Monika Herbst
CONTIGO GmbH
purchase and import
Wilhelm Lambrecht Str. 3
D-3709 Goetingen